100% 成功·绿色无添加·花式口味

自制一杯
好酸奶

〔法〕菲利普·吕索　〔法〕瓦莱里·德鲁埃◎著

〔法〕马西莫·佩西纳　〔法〕皮埃尔－路易·维耶尔◎摄

杨晓梅◎译

北京科学技术出版社

目 录

了解酸奶

　　酸奶是一种非常健康的饮品，它是由牛奶发酵而成的。现在，已有越来越多的人在家里自制酸奶。在家自制酸奶的好处很多：首先是可以保证天然、健康，其次是可以根据自己和家人的口味随意调配。

　　制作酸奶的方法很简单，不过，掌握好温度是先决条件。因为在制作过程中必须将牛奶保持在合适的温度（40~45℃），再加入若干种菌。如果牛奶的温度太高，乳酸菌会被杀死；如果温度过低，牛奶就无法顺利发酵。酸奶机可以为酸奶的制作提供最佳环境，是自制酸奶最方便的工具之一。此外还有其他工具，如压力锅、烤箱等，我们会在后面一一介绍。

　　自制的酸奶不仅味道可口，还有非常明显的养生功效：

　　1. 酸奶的酸味温和适中，能提高人的食欲。

　　2. 酸奶含有丰富的钙、蛋白质、维生素和氨基酸等营养成分，这些营养很容易被人体吸收利用。

　　3. 酸奶可促进肠道蠕动，防止便秘。

　　4. 酸奶可有效降低胆固醇，有助于预防心脑血管疾病。

　　5. 酸奶中的乳酸菌能抑制某些致癌物质的产生，因而有防癌作用。

6.酸奶中有一些帮助提高人体免疫力的物质，能增强人体对疾病的抵抗能力。

7.酸奶能抑制有害细菌在肠道内繁殖，并能补充肠道内的有益菌，有抗衰老作用。

本书一共介绍了47款酸奶及酸奶美食的制作方法，让大家可以在家里制作可口的酸奶。

酸奶部分的作者菲利普·吕索是法国厨艺发展和研究中心成员，一直致力于开发新的食谱，曾出版过十几本美食图书。为保证配方的正确性，这本书里的每款酸奶他都亲自制作并且品尝过。

书中酸奶部分的图片由法国著名摄影师马西莫·佩西纳拍摄，他擅长美食、建筑和珠宝摄影，常与巴黎一些知名杂志合作。他拍摄的照片让酸奶看起来更加美味可口。

在这个美食时代，让我们关注自身的健康，崇尚自然，打开书本，开始做自己想要的美食吧。

酸奶机

  酸奶机是一种制作酸奶的机器。它的工作原理与恒温机相似，就是加热之后保持某一恒定的温度。在牛奶发酵的数小时中，酸奶机将其加热到一定的温度后就会一直保持这个温度（不能超过45℃）。

酸奶机的历史

  过去，人们没有专门用于制作酸奶的机器，只能使用普通的大锅——在里面放上装了牛奶的小罐子，然后加热（温度必须控制好）几小时就得到了营养丰富而且好喝的酸奶。

  20世纪30年代，第一代酸奶机诞生了。这种酸奶机是完全手动式的，其材质五花八门，有铝、木头、泡沫塑料，甚至还有黄纸板。

  后来，电动酸奶机出现了。电动酸奶机的诞生令酸奶的制作变得简单多了，因为保持一个恒定、适宜的温度已经不成问题了。所以现在，我们无须担心做出的酸奶会太稀或太酸。

  有的酸奶杯是陶瓷杯（有没有彩釉均可），当然，更常见的还是用途广泛、使用便捷的玻璃杯。不同型号的酸奶机可容纳的杯子的数量也不同。市面上最常见的酸奶机通常可以容纳6个、7个、8个或者11个小杯，有的可以容纳1个1升的大杯。

使用

  如果你已经下决心买一台酸奶机，第一件事便是好好地阅读机器的使用说明。

  酸奶机的操作通常都特别简单。我个人使用的酸奶机只有两个按键：一个用于设定加热时间（最长15小时），另一个用于启动机器。有些酸奶机只有第二个按键，有些甚至只有一个信号灯，用于显示电源是否连通。在启动酸奶机之前，须保证里面盛满牛奶的小杯没有加盖（杯子无须垫稳），然后盖上酸奶机的盖子，启动即可。如果酸奶机可以定时的话，此时需设置加热时间。

酸奶机的清洗也十分简单，只要用湿抹布擦拭机器的内部就可以了。至于机器的盖子、小杯与杯盖，用洗涤剂手洗或洗碗机清洗均可。

另外，无论你选择的是哪一款酸奶机，当酸奶机正在运行时，你都要遵守以下几条规则：

不要移动酸奶机；

不要打开酸奶机的盖子；

避免在酸奶机旁边使用可能产生震动的机器；

放入酸奶机的杯子永远不要加盖。

发酵时间

制作酸奶时，第一件要确定的事情便是牛奶发酵所需的时间。

如果时间太久，酸奶的味道就会太酸；如果时间不够，酸奶的质地就会不够黏稠。

多试做几次才能确定最理想的发酵时间。不过一般情况下，发酵时间为8~15小时。

夏天的时候，即便是夜晚也十分炎热。在这种情况下，8小时就够了。冬天的时候，如果放置酸奶机的房间非常冷，那么15小时的发酵时间就是十分必要的。

操作步骤

1.在常温牛奶中加入125克原味酸奶，后者相当于酵头。

2.将混合物倒入分装小杯，然后将小杯放入酸奶机，启动酸奶机。

3.设定发酵时间。根据原料的种类选择发酵时间。通常全脂牛奶需要8~10小时，豆浆需要9~11小时，低脂牛奶需要10~12小时。本书中的发酵时间指的是使用 CUISINART 酸奶机所需的时间。如果你使用其他品牌的酸奶机，请仔细阅读使用说明，多试几次，积累经验。

4.时间到了之后打开酸奶机的盖子。注意，盖子上可能有很多水滴，千万不要让它们滴入酸奶。

5.酸奶制作完成后需盖上杯盖，冷藏4小时以上。正常情况下，这种酸奶可以保存7~10天，不过4天以内口感最佳。

材料的选择

　　如果想享用自己喜欢的口味的酸奶，在家自制酸奶是不错的方法。而且，自制酸奶也很经济、简单：1升牛奶就可以制作6人份酸奶，而且只需3种基础材料——牛奶（或羊奶、豆浆）、酵头与香料。

如何选择合适的奶？

　　基本上所有牛奶都适合用于制作酸奶。牛奶中的脂肪含量直接影响着酸奶的味道、质地和营养价值。最浓稠、热量最高的酸奶是用全脂牛奶制成的，而采用低脂牛奶与脱脂牛奶制成的酸奶质地较稀，用羊奶制作也是同样的情况。如果想用豆浆制作酸奶的话，请确认豆浆中至少加有果糖、蜂蜜、麦芽糖中的一种，否则酸奶将无法发酵。

　　巴氏杀菌奶：无论巴氏杀菌奶的脂肪含量如何，它都是一个不错的选择。

　　超高温瞬时灭菌奶（UHT）：使用这种奶制成的酸奶质地比较浓稠，且不会出现表面的那层"皮"。

　　牧场鲜奶：使用这种奶的话，首先要将其煮沸，这样才能杀死里面的有害菌。

　　奶粉：在质地偏稀的奶中加入奶粉，可以制成质地浓稠、富含钙与蛋白质的酸奶。

　　我个人喜欢使用超高温瞬时灭菌奶，用它制作酸奶，即使不加奶粉，最后得到的酸奶质地也会很浓稠。

　　如果你喜欢使用牧场鲜奶，一定要提前将奶煮沸，待其冷却后再加入酸奶，拌匀。

　　低脂牛奶与脱脂牛奶也可以用于制作酸奶，但为了得到质地较浓稠的酸奶，需添加一小杯奶粉。

　　可以用豆浆与豆浆酸奶取代牛奶与普通酸奶，这样制作出来的酸奶也会有奶油般的质地。

　　羊奶也可以作为原材料，不过羊奶酸奶的味道特别浓烈。通常，我会使用一半羊奶、一半牛奶，最后做出的酸奶质地浓稠顺滑。

　　如果想使用椰汁制作酸奶，必须加入同等比例的牛奶才能得到浓稠的酸奶。

　　植物性奶（如杏仁奶、榛子奶）不在推荐之列，因为它们的油脂会浮在酸奶的表面，导致酸奶有一股馊味。

使用哪一种酵头呢？

　　酵头十分重要，因为是它让牛奶发酵的。

　　你可以选择新鲜的原味酸奶作为酵头，非原味酸奶（如香草口味的酸奶）、羊奶酸奶也可以用于酸奶的制作，不过最简单的还是使用由牛奶制成的全脂原味酸奶。

另外，你也可以选择家庭自制的酸奶作酵头，不过这种酵头最多只能连续使用3~4次，继续使用则牛奶很有可能无法正常发酵，导致酸奶无法凝固。

在药店、甜点店以及一些大型购物网站可以买到用于制作酸奶的酸奶发酵粉，使用时请遵照说明。

香料的选择

虽然原味酸奶的味道已经很好了，但你还是难免想尝试制作其他口味的酸奶。

我第一次尝试时，选用了特别简单的材料：我爱吃的饼干与女儿爱吃的水果。后来，我发现酸奶里什么都能加：水果（新鲜水果、煮水果、水果干……）、巧克力、焦糖、糖果、饼干、蛋糕，而烹饪香料、奶酪、酒可以用于制作咸味酸奶。

每一种材料我都会尝试数次，这样才能找到最合适的将它们添加到酸奶里的方法。比如水果酸奶，我偏爱嚼得到果粒的那种口感，所以我会将水果切丁。至于饼干酸奶，我反而喜欢柔滑的口感，所以我会将牛奶与饼干一起加热，然后将它们拌匀，再用筛子过滤掉固体，最后再添加其余材料。用玛德琳蛋糕制作酸奶时，我会将一部分蛋糕与牛奶混合，另一部分则处理成蛋糕粒加到酸奶里，最后的成品口感棒极了！

每一份材料的温度都必须万分注意，因为如果温度过高，酸奶里的乳酸菌将无法存活，牛奶也无法变成酸奶。添加不同的材料时，最好让它们保持常温。如果

配方要求将牛奶煮沸，那么需等煮沸的牛奶冷却后，再向其中添加其余材料，这样才能得到可口的酸奶。

　　尤其要注意的是那些酸味材料，因为它们会让牛奶变酸。当选用覆盆子的时候，我就在担心这一点。我个人的解决之道是：在加入这一类食材前，先将它们稍微煮一下，以去除酸味。

　　至于咸味酸奶，我强烈建议先自己试做几遍，有把握之后再请客人品尝。因为试做咸味酸奶的结果很可能令人分外惊喜，也可能让人恶心不已！（我的海鲜酸奶至今还是我个人烹饪史上的灾难……）

　　余下的就没有任何限制了，请尽情发挥想象力吧！

不可或缺的工具

无须特意投资购买用于制作酸奶的工具，因为它们中的绝大部分已经藏在你家的橱柜里了。

酸奶杯

根据你要制作的酸奶种类选择酸奶杯。

可以使用平时用过的酸奶杯、奶油杯（玻璃或者陶瓷材质）、婴儿果泥杯（玻璃材质）、果酱杯与蜂蜜杯（玻璃材质），注意要将它们自带的杯盖保存下来，以便在冷藏酸奶时使用。

也可以使用玻璃酒杯，但是在放入冰箱冷藏时，要用保鲜膜盖住酒杯。

如果什么都没有的话，不妨问朋友借。作为回报，可以将你亲手制作的酸奶送给他。

辅助工具

为了将各种材料混合均匀，大碗与打蛋器是必不可少的。

有些配方必须使用电动搅拌机才能得到质地均匀的混合物。

在制作某些酸奶时，如果不希望酸奶中有颗粒物，可以用滤网与筛子过滤牛奶。

将牛奶混合物倒入分装小杯时，如果不希望洒得到处都是，可以借助漏斗来完成这一步。

酸奶机和其他酸奶发酵工具

酸奶机可以为酸奶的制作提供很多方便，但它并非必需品。

你也可以用其他工具制作酸奶，如压力锅、烤箱、真空盒套装等。

制作酸奶的其他工具

没有酸奶机？不用担心，这并不能阻止你制作鲜美的酸奶！对于想要制作酸奶却没有酸奶机的人，我们提供了以下三种方法。

高压锅

用高压锅可以一次制作好几杯酸奶（根据高压锅的类型，一次可制作3~5杯酸奶）。需要注意的是，当高压锅的锅盖打开时，锅内温度会迅速下降，所以打开锅盖放入杯子这一步必须尽快完成，然后立即盖上锅盖。用这种方法制作的酸奶口感十分温和。

制作方法

1. 准备1升全脂牛奶、125克全脂原味酸奶和1小杯奶粉。

2. 用平底锅将牛奶煮沸，然后放在一旁冷却待用。

3. 往高压锅中加水，直到可以将手指淹没，然后盖上高压锅的锅盖，开始加热。

4. 平底锅中的牛奶冷却后，将酸奶和奶粉倒入其中，用力拌匀，然后将搅拌后的牛奶混合物倒入分装小杯。

5. 高压锅气门响了之后，等5秒钟，然后打开锅盖，将水倒掉。快速将装好牛奶的分装小杯放入高压锅，立即盖上锅盖。

6. 让牛奶发酵8小时左右。最后给小杯盖上杯盖，放入冰箱冷藏4小时以上。

电饭锅

用电饭锅也可以制作酸奶，方法同用压力锅类似。

制作方法

1. 同压力锅的1、2、4步。

2. 往电饭锅中加适量水并煮沸，然后拔掉电源插头，把准备好的分装小杯放入电饭锅。盖上锅盖，静置一个晚上。

3. 给小杯盖上杯盖，放入冰箱冷藏4小时以上。

烤箱

使用烤箱制作酸奶有两个好处：一是烤箱容量较大，一次可制作更多酸奶（7杯左右）；二是酸奶发酵时的温度易于控制。用这种方法制作的酸奶口感温和、细腻，质地浓稠。

制作方法

1. 准备1升全脂牛奶和125克全脂原味酸奶。

2. 用平底锅将牛奶煮沸，然后放在一旁待用。

3. 酸奶倒入大碗搅拌，然后倒入温热的牛奶，用力拌匀。将搅拌好的牛奶混合物倒入陶质或其他耐热材质的分装小杯。

4. 将小杯放入烤箱，温度设置为40℃，加热4小时，然后关掉烤箱，静置一晚（8~15小时），其间不要打开烤箱。

5. 第二天，将小杯取出，放入冰箱冷藏4小时以上。

保鲜盒套装

准备的套装最好有11个小圆杯、1个大盒及1个筛子。你可以把这些盒子放在任何地方，因为它们不用插电。盒内的水温不宜过高或过低（一般为40~45℃），否则乳酸菌会被杀死或不活跃，无法使牛奶发酵成酸奶。用这种方法制作的酸奶口感温和、质地浓稠。

制作方法

1. 准备1升全脂牛奶、125克全脂原味酸奶和1杯奶粉。

2. 用平底锅将牛奶煮沸，然后放在一旁待用。

3. 酸奶与奶粉倒入大碗搅拌，然后倒入温热的牛奶，用打蛋器将混合物拌匀。

4. 将空的小圆杯放入大盒，将搅拌好的牛奶混合物倒入这些小圆杯。然后往大盒中倒热水，注意不要倒进小圆杯里。

5. 给大盒盖上盖子，让里面的牛奶发酵5小时。注意，小圆杯不要加盖。

6. 取出小圆杯，盖上杯盖，然后放入冰箱冷藏4小时以上。

什么是奶酪?

奶酪是用牛奶、羊奶或者其他动物奶制作的食品，也叫干酪、芝士。制作奶酪最初是人们在丰收年时为歉收年保存食品的一种手段，后来奶酪才成了颇受人们喜爱的一种日常食品。奶酪与酸奶一样，都需要经过发酵这一过程，且都含有丰富的、具有保健作用的乳酸菌。但是奶酪的浓度比酸奶高，近似固体食物。

奶酪的种类很多，单是法国就有400多种奶酪，有名的如布里奶酪、卡门培尔奶酪和罗克福尔奶酪。其他国家的著名奶酪有：瑞士的格吕耶尔奶酪和埃门塔尔奶酪，英国的切德奶酪、柴郡奶酪和斯第尔顿奶酪，意大利的帕尔梅森奶酪和戈尔贡拉佐拉奶酪，荷兰的豪达奶酪和埃丹奶酪。其实，欧洲有许多地区都以生产奶酪而闻名于世。

奶酪也有各种各样的吃法。除了用于制作西式菜肴，奶酪还可以夹在面包、饼干、汉堡包里一起吃，或与沙拉、面条拌匀后食用，还可以当作休闲食品，切成小块配上红酒直接食用。奶酪是一种颇受人们喜爱的奶制品。

奶酪之所以如此受人青睐，除了它在口感方面颇具吸引力外，还因为它有诸多养生功效。奶酪中含有大量人体所需的营养成分和微量元素：

钙——享有"生命元素"之称，是生物体的重要组成元素；

磷——是生命活动不可缺少的元素，牙齿、骨骼和DNA中都含有磷；

维生素——是人和动物所必需的某些微量有机化合物，对机体的新陈代谢、生长、发育、健康有极重要的作用。奶酪中的维生素A尤其丰富。

此外，奶酪中还含有丰富的镁、钠、钾、脂肪、蛋白质和其他一些人体必需的营养成分，其营养价值比牛奶和酸奶都要高。

对很多人来说，奶酪或许并不陌生，但是要讲到在家自制奶酪，就很少有人了解了。

书中做的是鲜奶酪，它是在牛奶或羊奶里加酵头，直接让牛奶或者羊奶凝结，然后去除部分水分制成的。这种鲜奶酪色泽诱人，软滑可口，还散发着清新的奶香，吃起来有淡淡的酸甜味，十分爽口。

书里介绍了17款奶酪及奶酪美食的制作方法。让大家可以借助工具在家里制作可口的酸奶以及奶酪。

奶酪部分的作者瓦莱里·德鲁埃是法国著名的专栏作家和美食作家，从事了15年与美食相关的工作，在法国各大报纸和杂志上都有自己的专栏。在拉鲁斯、阿歇特等知名出版社出版过将近40本美食图书，也编导过一些电视美食节目。

书中奶酪部分的图片都是法国著名美食摄影师皮埃尔-路易·维耶尔拍摄，他和法国不少知名美食家合作，出版美食书籍，并且为一些美食杂志拍摄图片。他的摄影让书中的酸奶和奶酪成品看起来更加可口。

在家自制奶酪

自制奶酪和自制酸奶一样轻松、简单，只不过奶酪需要更长的发酵时间。制作奶酪的原材料和制作酸奶的几乎一样：牛奶、酵头，有时还需添加凝乳酶。现在，市面上还出现了与酸奶机相似的奶酪机。不过本书中的奶酪并不是用奶酪机制作的。

选择牛奶

选择全脂牛奶（最好是有机牛奶），巴氏杀菌奶和直接来自牧场的鲜奶均可。牛奶要提前煮沸杀菌，等它冷却后就可以使用了。和制作酸奶的原理一样，使用低脂牛奶制作的奶酪在味道上要略差一些。

酵头与分量

制作奶酪时要在牛奶里添加乳酸菌及（或）凝乳酶，它们起的是酵头的作用，能使牛奶凝结。牛奶凝结后分为固体与液体两个部分，其中固体部分称为"凝乳"，也就是鲜奶酪，液体部分称为"乳清"。

用来制作奶酪的酵头可以是鲜奶酪或酸奶，也可以是自制奶酪时产生的乳清。不过，后者只能使用一次，之后如果想继续制作奶酪，就必须用购买的奶酪或酸奶当酵头了。

凝乳酶是小牛的胃里产生的一种消化酶，帮助还在吃奶的小牛将牛奶在胃里凝结起来。凝乳酶可以用柠檬汁或白醋代替，但是白醋会给奶酪增添一种特别的味道。另外，也可选择用化学方法制成的凝乳酶。

通常情况下，1升牛奶需要5~6滴凝乳酶，也就相当于1个小柠檬挤出的柠檬汁或是30毫升白醋。凝乳酶放得越多，牛奶会变得越酸，但凝结效果也会越好。

制作过程

1.将牛奶加热至某一温度（每种配方要求的温度不同）。

2.往牛奶中加入已经提前用少许牛奶拌好的酸奶或者新鲜奶酪。根据配方要求，有时也会提前加入凝乳酶（或者柠檬汁、白醋）。之后轻轻搅拌牛奶。如果加了凝乳酶，搅拌动作要更轻缓。

3.让牛奶在常温（最低20℃）下凝结。温度过低的话，凝乳酶与乳酸菌将无法正常发挥作用。

4.沥干已经凝结的牛奶。这一步花费的时间与奶酪的种类有关，也与我们要求的奶酪湿度有关。工具要选择网眼极小的筛子，下边要放一个容器用于收集筛子上滴下的乳清。沥干这一步要在冰箱中进行。

能制作多少奶酪呢？

1升牛奶可以制作400克鲜奶油奶酪。如果配方中不含奶油，则分量会再少一些。

保存

自制的奶酪和自制的酸奶一样，都是无法长期保存的食物。自制的奶酪无法真空保存，只能冷藏保存3天。食用时，使用的餐具也应该绝对干净，避免细菌在奶酪中繁殖。

Part 1
新鲜酸奶

酸奶中含有丰富的钙。从补钙的角度看，晚上喝酸奶效果更好，因为晚间钙的吸收率最高，且与牛奶相比，酸奶中的乳酸更能促进钙的吸收。

原味酸奶

用料

7~9杯

常温全脂牛奶	1升
奶粉	50克
全脂原味酸奶	125克

1. 全脂牛奶倒入大碗，加入奶粉与原味酸奶，用力拌匀。

2. 牛奶混合物倒入分装小杯，然后将小杯放入酸奶机，杯子不加盖。

3. 盖上酸奶机的盖子，启动，定时8小时。

4. 酸奶做好后盖上杯盖，放入冰箱冷藏。

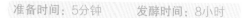 小贴士

搅拌牛奶混合物时可以加入一些配料，如咖啡、香草、橙花等，做出口味不同的酸奶。

玫瑰果酱荔枝酸奶

用料	7~9杯
新鲜荔枝肉	300克
奶粉	40克
甜炼乳	200克
全脂原味酸奶	125克
低脂牛奶	1升
玫瑰果酱	1杯

1. 新鲜荔枝肉洗净、沥干，根据个人喜好切成小丁或大丁，放入大碗。

2. 奶粉、炼乳及原味酸奶倒入盛放荔枝肉（或荔枝糖浆）的大碗，用力拌匀。

3. 低脂牛奶倒入平底锅，煮至温热，然后倒入之前搅拌好的混合物，用力拌匀。

4. 往小杯中倒一层玫瑰果酱，然后倒入搅拌好的牛奶混合物。

5. 小杯放入酸奶机，杯子不加盖。盖上酸奶机的盖子，启动，定时9小时。

6. 酸奶做好后盖上杯盖，放入冰箱冷藏。

小贴士

自制荔枝糖浆：400克荔枝果肉与适量糖浆同煮10分钟即可。制作糖浆时，需控制好水与白糖的比例，一般是200毫升水加200克糖。

香草酸奶

用料　　　　7～9杯

低脂牛奶	1升
香草荚	3根
甜炼乳	200克
全脂原味酸奶	125克

1. 低脂牛奶倒入平底锅，加热至温热。香草荚纵向剖开，放入牛奶中浸泡15分钟。然后将牛奶过筛，加入炼乳与原味酸奶，用力拌匀后倒入分装小杯。

2. 小杯放入酸奶机，杯子不加盖。盖上酸奶机的盖子，启动，定时9小时。酸奶做好后盖上杯盖，放入冰箱冷藏。

 小贴士

如果想减少热量，可以用无糖炼乳和10克阿斯巴甜代替原配方中的甜炼乳。

椰香酸奶

用料　　　　7～9杯

低脂牛奶	800毫升
椰子汁	200毫升
奶粉	100克
甜炼乳	200克
全脂原味酸奶	125克

1. 低脂牛奶和椰子汁倒入大碗，再加入奶粉、炼乳和原味酸奶，用力拌匀，然后将搅拌好的混合物倒入分装小杯。

2. 小杯放入酸奶机，杯子不加盖。盖上酸奶机的盖子，启动，定时9小时。酸奶做好后盖上杯盖，放入冰箱冷藏。

小贴士

如果想获得更丰富的口感，可以在准备过程中加入椰丝；食用前在酸奶上撒上少许椰丝亦可。

豆浆酸奶

用料 **7～9杯**

豆浆	750毫升
原味酸奶	125克
白糖	适量
奶粉	适量

1. 熟豆浆凉至40℃，加入适量奶粉和白糖拌匀，然后加入原味酸奶用力搅拌。拌匀后，倒入分装小杯。

2. 小杯放入酸奶机，杯子不加盖。盖上酸奶机的盖子，启动，定时9小时。酸奶做好后盖上杯盖，放入冰箱冷藏。

 小贴士

配方中的原味豆浆酸奶也可以换成香草味或水果味的豆浆酸奶。

瘦身酸奶

用料 **7～9杯**

常温脱脂牛奶	1升
原味酸奶	125克
白糖	40克
琼脂	1/2咖啡匙

1. 脱脂牛奶倒入大碗，再加入原味酸奶、白糖、琼脂，用力拌匀。将搅拌好的混合物倒入分装小杯。

2. 小杯放入酸奶机，杯子不加盖。盖上酸奶机的盖子，启动，定时9小时。酸奶做好后盖上杯盖，放入冰箱冷藏。

小贴士

搅拌牛奶混合物时可以加入一些配料，如咖啡、香草荚、草莓或橙花等，做出口味不同的酸奶。用脱脂牛奶做出的酸奶很稀，琼脂可起到增稠作用。琼脂可以在大型超市买到。

准备时间：25分钟　　发酵时间：8小时

茉莉花茶酸奶

用料	7～9杯
全脂牛奶	1升
茉莉花茶	100克
奶粉	100克
甜炼乳	50克
全脂原味酸奶	125克

1. 全脂牛奶倒入平底锅，加热至温热。关火后倒入茉莉花茶，稍微搅拌一下，然后盖上锅盖，静置10分钟。

2. 将锅中的牛奶过筛，并与奶粉、炼乳与原味酸奶混合，用力拌匀。将搅拌好的混合物倒入分装小杯。

3. 小杯放入酸奶机，杯子不加盖。盖上酸奶机的盖子，启动，定时8小时。

4. 酸奶做好后盖上杯盖，放入冰箱冷藏。

🥛 小贴士

本配方中的茉莉花茶也可以用其他香气浓郁的茶叶或干香草代替，如马鞭草、洋甘菊等。

甜姜柠檬酸奶

用料

7～9杯

全脂牛奶	1升
甜姜	150克
全脂原味酸奶	125克
奶粉	120克
青柠檬	2个
（取柠檬皮，擦成丝待用）	

1. 取500毫升左右的牛奶倒入大碗，甜姜切片，然后放入牛奶浸泡5分钟。将泡好的牛奶过筛，再倒入剩下的牛奶、原味酸奶、奶粉与柠檬丝，用力拌匀。将搅拌好的混合物倒入分装小杯。

2. 小杯放入酸奶机，杯子不加盖。盖上酸奶机的盖子，启动，定时8小时。酸奶做好后盖上杯盖，放入冰箱冷藏。

小贴士

可以在酸奶上淋上巧克力味的甜奶油，再搭配2~3根格力高饼干作为装饰。

柠檬酸奶

用料

7～9杯

常温全脂牛奶	1升
全脂原味酸奶	125克
奶粉	2汤匙
青柠檬	3个
（取柠檬皮，擦成丝待用）	
柠檬奶油	1小杯

1. 牛奶、原味酸奶、奶粉倒入大碗中混合，稍微搅拌一下，然后加入柠檬丝，用力拌匀。

2. 根据个人口味，在分装小杯底部加1~2汤匙柠檬奶油，然后将大碗中搅拌好的混合物倒入分装小杯。

3. 小杯放入酸奶机，杯子不加盖。盖上酸奶机的盖子，启动，定时8小时。酸奶做好后盖上杯盖，放入冰箱冷藏。

小贴士

可以在酸奶上加蛋白霜作为装饰。自制蛋白霜：取3个鸡蛋的蛋清与120克糖混合，用力拌匀后打至发泡即可。把打好的蛋白霜装入奶油裱花嘴中，挤在每一杯酸奶上，再利用喷枪将蛋白霜烤至焦黄色。如果时间不够的话，可以直接使用现成的蛋白霜点心。

蜂蜜脆米酸奶

用料　7～9杯

捣碎的大米	100克
洋槐蜂蜜	80克
米浆	500毫升
常温全脂牛奶	500毫升
全脂原味酸奶	125克

1. 捣碎的大米洗净、放入锅中，加蜂蜜、米浆，小火煮15~20分钟，米粥变得略微浓稠即可。关火，将锅放在一旁冷却待用。

2. 全脂牛奶倒入大碗，加原味酸奶，用力拌匀。

3. 将前面煮好的米粥倒入盛放牛奶混合物的大碗，用力拌匀。将碗中的混合物倒入分装小杯。

4. 小杯放入酸奶机，杯子不加盖。盖上酸奶机的盖子，启动，定时8小时。

5. 酸奶做好后盖上杯盖，放入冰箱冷藏。

小贴士

煮粥时，可以滴入少许橙花水或者放入适量橙皮丝。

另外一种做法是：在分装小杯底部倒上一层煮好的米粥，然后倒入牛奶和酸奶的混合物（搅拌牛奶与酸奶时，可加入3汤匙炼乳）。

米浆做法：1小杯大米浸泡4~6小时，用果汁机打碎，倒入锅中，加水煮成米浆。也可用豆浆机做米浆。

苹果泥酸奶

用料	**7~9杯**
苹果	4个
白糖	4汤匙
鲜奶油	1汤匙
香草冰淇淋	350毫升 (熔化后)
低脂牛奶	500毫升
奶粉	3汤匙
全脂原味酸奶	125克

1. 苹果去皮、去核,切成小丁待用。

2. 白糖放进平底锅制成焦糖,再倒入苹果丁,煮5分钟,其间需不时搅拌。然后加入鲜奶油,中火继续煮10分钟。关火,果泥即制作完成。将果泥放置一会儿,然后倒入分装小杯并放入冰箱冷藏。

3. 香草冰淇淋放入大碗,用微波炉加热至熔化(可以使用解冻模式),然后倒入低脂牛奶、奶粉和原味酸奶,用力拌匀。将搅拌好的混合物倒入装着苹果泥的小杯。

4. 小杯放入酸奶机,杯子不加盖。盖上酸奶机的盖子,启动,定时9小时。酸奶做好后盖上杯盖,放入冰箱冷藏。

小贴士

也可以使用其他水果制作果泥,如桃子、杏等。同时,根据选择的水果选用其他口味的冰淇淋来代替香草冰淇淋。

樱桃果酱羊奶酸奶

用料　　7～9杯

常温羊奶	1升
羊奶酸奶	125克
羊奶奶粉	2汤匙
黑樱桃果酱	1杯

1. 羊奶倒入大碗，加入羊奶酸奶、奶粉，用力拌匀。在分装小杯底部倒上一层樱桃果酱，然后将大碗中搅拌好的混合物倒入分装小杯。

2. 小杯放入酸奶机，杯子不加盖。盖上酸奶机的盖子，启动，定时8小时。酸奶做好后盖上杯盖，放入冰箱冷藏。

 小贴士

羊奶比牛奶所含的营养更多。可在大型超市买到羊奶奶粉。

羊奶甜酸奶

用料　　7～9杯

常温羊奶	1升
白糖	180克
羊奶酸奶	125克

1. 取200毫升羊奶倒入平底锅加热，然后倒入白糖，不停搅拌直至白糖全部溶化。

2. 剩下的羊奶倒入大碗，再倒入羊奶酸奶与加热后的甜羊奶，用力拌匀。将搅拌好的混合物倒入分装小杯。

3. 小杯放入酸奶机，杯子不加盖。盖上酸奶机的盖子，启动，定时8小时。酸奶做好后盖上杯盖，放入冰箱冷藏。

小贴士

羊奶比牛奶更容易被消化吸收，所以非常适合儿童和对牛奶吸收不太好的人饮用。

果酱酸奶

经典配方，根据当下心情选择不一样的味道。

用料

8～10份

原味酸奶	125克
全脂牛奶	1升
不同味道的果酱（芒果果酱、甜杏果酱、柠檬果酱等）	
	200克

1. 原味酸奶与500毫升牛奶倒入大碗，搅拌均匀。

2. 剩余的牛奶倒入平底锅，加热至40～45℃。关火，将大碗中的混合物倒入平底锅，用力拌匀。

3. 先往分装小杯里倒1汤匙果酱，再将平底锅中牛奶与酸奶的混合物倒入小杯，放入酸奶机，启动，定时8小时。

4. 等酸奶制成后，盖上杯盖，放入冰箱，冷藏数小时后味道更佳。

小贴士

可以用自制的橘子酱代替现成的果酱。将2个生鸡蛋、1个生蛋黄、250毫升橘子汁、70克白糖、20克黄油与少量切成丝的橘子皮倒入平底锅，拌匀，微火煮15～20分钟。其间需不停搅拌，不要让其沸腾。将煮好的橘子酱倒入果酱杯，待其冷却之后就可以使用了。

准备时间：15分钟　　焦糖制作时间：10分钟
发酵时间：8小时

白巧克力
开心果酸奶

本款酸奶既有巧克力的甜蜜，又有焦糖开心果的酥脆。

用料　8～10份

无盐开心果	70克
白糖	80克
白巧克力	160克
原味酸奶	125克
全脂牛奶	900毫升

1. 开心果压碎。白糖全部倒入平底锅，加2汤匙水，中火煮10分钟后得到淡棕色的焦糖。关火，倒入碎开心果，用力拌匀。

2. 焦糖和开心果的混合物倒在烘焙纸上，待其冷却后，用刀将焦糖开心果剁碎。白巧克力压碎，然后放进蒸锅或微波炉中加热至熔化。

3. 原味酸奶与500毫升全脂牛奶倒入大碗，用力拌匀。

4. 剩余的全脂牛奶倒入平底锅，加热至40～45℃。关火，将大碗中的混合物倒入平底锅，然后加入已经熔化的白巧克力，用力拌匀。

5. 平底锅中的混合物与一半焦糖开心果倒入分装小杯，放入酸奶机，启动，定时8小时。

6. 等酸奶制成后，盖上杯盖，放入冰箱，冷藏数小时后味道更佳。吃的时候，可以将余下的焦糖开心果撒在酸奶表面。

小贴士

焦糖开心果冷却后也可以放入搅拌机打碎，然后直接和酸奶混合搅拌。

蓝莓蛋糕酸奶

本款酸奶是真正的美味。如果不是给孩子吃的话，不妨在酸奶上淋一点儿黑加仑酒。

用料

8~10份

蓝莓	180克
白糖	90克
低脂牛奶	900毫升
原味酸奶	125克
原味蜂蜜小圆蛋糕或	
蓝莓小圆蛋糕	4块

1. 蓝莓倒入平底锅，加2汤匙水及全部白糖，大火煮5~6分钟，其间需不时搅拌。关火，将平底锅放在一旁冷却待用。

2. 原味酸奶与500毫升牛奶倒入大碗，用力拌匀。

3. 剩余的牛奶倒入另一口平底锅，加热至40~45℃。关火，倒入煮好的蓝莓（包括煮出的汤汁），用搅拌器快速搅拌，然后倒入酸奶与牛奶的混合物。

4. 蛋糕处理成碎屑，铺在分装小杯的底部，然后倒入搅拌好的蓝莓牛奶，放入酸奶机，启动，定时8小时。

5. 等酸奶制成后，盖上杯盖，放入冰箱，冷藏数小时后味道更佳。

小贴士
可以用桑葚代替蓝莓。

香草猕猴桃绵羊奶酸奶

根据口味与时令，选择不同的水果。如果喜欢脆脆的口感，不妨加上一块烤过的水果馅饼。

用料

8～10份

猕猴桃	3个
白糖	80克
原味酸奶	125克
绵羊奶	800毫升
液体奶油（含脂量20%）	
	200毫升
香草荚	1根

1. 猕猴桃去皮、切小丁。取40克白糖和猕猴桃小丁混合，腌渍15分钟，然后用漏勺沥干。

2. 原味酸奶与剩下的40克白糖、500毫升绵羊奶倒入大碗，用力拌匀。

3. 剩余的绵羊奶与奶油倒入平底锅。香草荚纵向对半切开并相互摩擦，让香草籽落入平底锅，香草荚也放进锅里。

4. 将平底锅中的混合物加热至40～45℃，关火，加入大碗中绵羊奶、糖与原味酸奶的混合物。

5. 猕猴桃小丁倒入分装小杯，再倒入搅拌好的香草绵羊奶，放入酸奶机，启动，定时8小时。

6. 等酸奶制成后，盖上杯盖，放入冰箱，冷藏数小时后味道更佳。因为猕猴桃的果汁会慢慢流失，所以最佳品尝期是制作完成后的2天内。

小贴士

沥干腌渍后的猕猴桃小丁这一步十分重要，因为不沥干的话杯子底部会全是果汁。

准备时间：15分钟　　发酵时间：8小时
梨料理时间：15分钟

烤梨酸奶

可以用黄苹果代替梨。除了桂皮，还可添加姜粉，令口感更丰富。

用料	8～10份
梨	2个
黄油	20克
粗红糖	60克
原味酸奶	125克
全脂牛奶	800毫升
桂皮粉	1/2咖啡匙

1. 梨去皮、切小块，放入平底锅，加入黄油，中火煎8～10分钟。加粗红糖，继续煎5分钟，不停搅拌让梨块裹上红糖。关火，将平底锅放在一旁冷却。

2. 原味酸奶与500毫升牛奶倒入大碗，用力拌匀。

3. 剩余的牛奶与桂皮粉一同倒入另一口平底锅，用力拌匀，加热至40～45℃。关火，倒入大碗中牛奶与酸奶的混合物，用力拌匀。

4. 将裹了红糖的梨和煎出的汁液一同倒入分装小杯，然后倒入做好的桂皮牛奶，放入酸奶机，启动，定时8小时。

5. 等酸奶制成后，盖上杯盖，放入冰箱，冷藏数小时后味道更佳。可搭配芝麻焦糖片同食。

🥛 小贴士

芝麻焦糖片：70克白糖和4汤匙水熬成焦糖，再倒入1汤匙黑芝麻，用力拌匀。铺好烘焙纸，小心地倒出1咖啡匙焦糖，待其冷却15分钟即可得到可口的焦糖片（直径3厘米左右）。

糖果巧克力酸奶

这是一款深受孩子们喜爱的酸奶，简单的酸奶里藏有好吃的糖果！

用料　8～10份

牛奶巧克力	150克
焦糖牛奶夹心糖	10颗
原味酸奶	125克
低脂牛奶	900毫升

1. 牛奶巧克力压碎，放到蒸锅或微波炉中加热至熔化。焦糖牛奶夹心糖切成小粒。

2. 原味酸奶与500毫升牛奶倒入大碗，用力拌匀。

3. 剩余的牛奶倒入平底锅，加热至40～45℃。关火，倒入已经熔化的牛奶巧克力和大碗中牛奶与酸奶的混合物，用搅拌器仔细搅拌。

4. 在分装小杯底部铺上一层切好的糖粒，然后倒入搅拌好的巧克力牛奶，放入酸奶机，启动，定时8小时。

5. 等酸奶制成后，盖上杯盖，放入冰箱，冷藏数小时后味道更佳。可搭配果仁牛奶巧克力片同食。

小贴士

果仁牛奶巧克力片：100克牛奶巧克力压碎，放入蒸锅或微波炉中加热至熔化，然后加入40克果仁糖的粉末做成巧克力酱。小心地将巧克力酱倒在烘焙纸上，然后用另一张烘焙纸将其盖住，放到玻璃杯下，利用杯子的重量将巧克力酱压平压实。将压好的巧克力酱弯成瓦片状（保持平整亦可），放入冰箱冷藏。1小时后，即可得到果仁牛奶巧克力片。

果仁糖酸奶

果仁糖与酸奶是否可以组合呢？答案是肯定的。如果配上松脆的饼干脆卷，就可以成为一道精致的甜品。

用料

8～10份

原味酸奶	125克
全脂牛奶	1升
果仁糖	200克

（在食品店可以买到）

1. 原味酸奶、50克果仁糖与500毫升牛奶倒入大碗，用力拌匀。

2. 剩余的牛奶倒入平底锅，加热至40～45℃。关火，倒入大碗中的果仁糖、牛奶与酸奶的混合物，用力拌匀。

3. 在分装小杯底部铺上一层果仁糖，然后倒入搅拌好的牛奶混合物，放入酸奶机，启动，定时8小时。

4. 等酸奶制成后，盖上杯盖，放入冰箱，冷藏数小时后味道更佳。可搭配桂皮饼干脆卷同食。

小贴士

自制饼干脆卷：在薄饼上撒白糖与桂皮粉，再将薄饼卷起来，用牙签固定后放入烤箱。烤箱温度设定为210℃，烘烤3分钟即可。

自制果仁糖：100克白糖与500毫升水熬出淡棕色的焦糖，然后加入100克榛子或杏仁（带皮），用小木铲快速搅拌。将搅拌好的焦糖倒在烘焙纸上，冷却30分钟，然后放入搅拌机打成糊状，倒出冷却即可。

准备时间：15分钟　　发酵时间：8小时
水果料理时间：10分钟

红果山羊奶酸奶

如果选用红加仑这一类酸度较高的红色水果，须将配方中白糖的分量加倍。

用料

8～10份

多种冷冻红色水果	250克
白糖	80克
山羊奶酸奶	125克
山羊奶	1升

1. 水果去籽，与白糖一同倒入平底锅，加2～3汤匙水，大火煮8～10分钟，其间需不时搅拌。关火，放在一旁冷却待用。

2. 山羊奶酸奶与500毫升山羊奶倒入大碗，用力拌匀。

3. 剩余的山羊奶倒入平底锅，加热至40～45℃。关火，倒入大碗中山羊奶与酸奶的混合物，用力拌匀。

4. 先将煮好的水果和少量汁液倒入分装小杯，再将搅拌好的山羊奶混合物倒入，放入酸奶机，启动，定时8小时。

5. 等酸奶制成后，盖上杯盖，放入冰箱，冷藏数小时后味道更佳。可搭配剩余的煮好的水果同食，食用前将水果加热一下即可。

小贴士

可以使用应季的新鲜水果，如覆盆子、红加仑、黑加仑、蓝莓等，但煮的时间要缩短到4～5分钟。

焦糖牛奶酱酸奶

谁会第一个吃到杯子底部的焦糖牛奶酱呢？

用料

8～10份

原味酸奶	125克
全脂牛奶	900毫升
焦糖牛奶酱	220克

（在乳制品店及大型食品店可以买到）

1. 原味酸奶与500毫升牛奶倒入大碗，用力拌匀。

2. 剩余的牛奶倒入平底锅，加热至40～45℃。关火，加入50克焦糖牛奶酱和大碗中牛奶与原味酸奶的混合物，用力拌匀。

3. 先往分装小杯里倒入剩下的焦糖牛奶酱，再倒入搅拌好的混合物，放入酸奶机，启动，定时8小时。

4. 等酸奶制成后，盖上杯盖，放入冰箱，冷藏数小时后味道更佳。可搭配咸味的酥油小饼干同食。

小贴士

酥油小饼干：100克含盐黄油、50克白糖、125克面粉与1个蛋黄混合，用力拌匀，和成面团，放入冰箱静置1小时。面团醒好后拿出，擀成薄薄的一张面饼，再用模具压出一个个圆形小饼，放到铺有烘焙纸的烤盘上。烤箱预热至180℃，然后将放有小圆饼的烤盘送入烤箱，8～10分钟后取出即可。可以用奶油焦糖代替本配方中的焦糖牛奶酱。

椰子柠檬酸奶

经典配方，根据当下心情选择不一样的味道。

用料

8～10份

椰子汁	100毫升
白糖	80克
青柠檬	1个
原味酸奶	125克
全脂牛奶	900毫升
椰丝球	2大/5小
椰丝	少许

1. 椰子汁与白糖倒入平底锅，加热至快要沸腾，然后关火。

2. 取青柠檬，用柠檬擦在平底锅上方擦丝，使柠檬丝刚好掉入锅中。椰子汁放在一旁冷却，然后过滤待用。原味酸奶与500毫升牛奶倒入大碗，用力拌匀。

3. 剩余的牛奶倒入平底锅，加热至40～45℃。关火，倒入过滤后的椰子汁与大碗中的牛奶和原味酸奶的混合物，用力拌匀。

4. 椰丝球压成碎末，放到分装小杯底部，然后倒入搅拌好的牛奶混合物，放入酸奶机，启动，定时8小时。

5. 等酸奶制成后，盖上杯盖，放入冰箱，冷藏数小时后味道更佳。

6. 椰丝放到热平底锅中干煎2～3分钟，然后冷却待用。吃的时候，将椰丝撒在酸奶表面即可。

小贴士

自制椰丝球：60克白糖、60克椰丝、1个鸡蛋和适量低筋面粉混合（如果喜欢口感酥脆的椰丝球，就减少面粉的用量并相应增加椰丝的用量），用力拌匀，用手搓成一颗颗小球，放到铺好烘焙纸的烤盘上。烤箱预热至180℃，将烤盘送进烤箱烘烤10～12分钟。取出后让椰丝球冷却即可。

Part 2
花样酸奶

酸奶不宜在空腹时饮用，因为此时胃中高浓度的胃酸会将酸奶中的乳酸菌杀死。饭后喝酸奶一方面可减少对胃的刺激，另一方面有利于酸奶中的营养被吸收。

准备时间：20分钟　　发酵时间：9小时

巧克力榛子酸奶

用料　　　7～9杯

常温低脂牛奶	1升
可可粉	6汤匙
白糖	50克
巧克力榛子酱	4汤匙
全脂原味酸奶	125克

1. 取一半牛奶倒入平底锅加热，再倒入可可粉与白糖，不停搅拌直至可可粉与白糖全部溶化。关火，将锅放在一旁冷却待用。

2. 将剩下的牛奶倒入放凉的混合物，再加入巧克力榛子酱与原味酸奶，用力拌匀。将搅拌好的混合物倒入分装小杯。

3. 小杯放入酸奶机，杯子不加盖。盖上酸奶机的盖子，启动，定时9小时。酸奶做好后盖上杯盖，放入冰箱冷藏。

小贴士

在家中自制巧克力酸奶时，巧克力时常会沉到杯子底部，但这并不影响酸奶的味道。

准备时间：20分钟　　发酵时间：9小时

糖果酸奶

用料　　　7～9杯

低脂牛奶	1升
焦糖口味的糖果	12颗
奶粉	150克
全脂原味酸奶	125克

1. 取一半牛奶倒入平底锅加热，再加入焦糖口味的糖果，不停搅拌直至糖果全部溶化。将煮好的牛奶过筛，放在一旁冷却待用。

2. 剩余的牛奶、奶粉、原味酸奶倒入大碗混合，用力搅拌，然后倒入放凉的混合物，用力拌匀。将搅拌好的混合物倒入分装小杯。

3. 小杯放入酸奶机，杯子不加盖。盖上酸奶机的盖子，启动，定时9小时。酸奶做好后盖上杯盖，放入冰箱冷藏。

小贴士

可以用水果口味的糖果代替焦糖口味的糖果。

棉花糖酸奶

用料

7～9杯

低脂牛奶	1升
棉花糖	50克
奶粉	4汤匙
全脂原味酸奶	125克

1. 取一半牛奶倒入平底锅加热，再加入棉花糖，不停搅拌直至棉花糖全部溶化，然后将平底锅放在一旁冷却待用。

2. 剩余的牛奶、奶粉、原味酸奶倒入大碗混合，用力拌匀，然后倒入放凉的混合物，拌匀。将搅拌好的混合物倒入分装小杯。

3. 小杯放入酸奶机，杯子不加盖。盖上酸奶机的盖子，启动，定时9小时。酸奶做好后盖上杯盖，放入冰箱冷藏。

 小贴士

可以用全脂牛奶代替低脂牛奶。这时，只需加2汤匙奶粉即可获得同样浓稠的质地，且牛奶的发酵时间要减少至8小时。

石榴酸奶

用料

7～9杯

石榴汁	150毫升
奶粉	40克
甜炼乳	200克
全脂原味酸奶	125克
低脂牛奶	1升
覆盆子果酱（或果冻）1小杯	

1. 石榴汁与奶粉倒入大碗混合，然后加入炼乳与原味酸奶，用力拌匀。

2. 低脂牛奶煮至温热，倒入搅拌好的石榴汁，用力拌匀。

3. 在分装小杯底部倒上一层覆盆子果酱，然后倒入搅拌好的牛奶混合物。

4. 小杯放入酸奶机，杯子不加盖。盖上酸奶机的盖子，启动，定时9小时。酸奶做好后盖上杯盖，放入冰箱冷藏。

小贴士

也可以在酸奶发酵完成之后，再将果酱倒在酸奶上面，搭配蛋白霜饼干同食。

饼干香草酸奶

用料

低脂牛奶	1升
香草荚	1根
甜炼乳或无糖炼乳	200克
全脂原味酸奶	125克
Speculoos饼干或一般的焦糖饼干（需处理成饼干屑）	12片

 小贴士

也可以用Speculoos焦糖饼干酱

代替饼干：在分装小杯底部倒上一层饼干酱，然后将搅拌好的混合物倒入小杯。

1. 取250毫升低脂牛奶倒入平底锅加热。香草荚纵向切成两半，放入加热了的牛奶中浸泡15分钟。将牛奶过筛，放在一旁冷却待用。

2. 剩下的牛奶、炼乳、原味酸奶倒入大碗混合，搅拌几下，然后加入锅中的牛奶，用力拌匀。将搅拌好的混合物缓缓倒入分装小杯，在这个过程中，要不断向小杯中添加饼干屑，这样才能保证饼干屑浮上表面时已经被完全浸透。

3. 小杯放入酸奶机，杯子不加盖。盖上酸奶机的盖子，启动，定时9小时。酸奶做好后盖上杯盖，放入冰箱冷藏。

饼干炼乳酸奶

用料

常温无糖炼乳	800毫升
奶粉	3汤匙
全脂原味酸奶	125克
白糖	50克
圆形饼干（需处理成饼干屑）	20片

1. 炼乳倒入大碗，加入奶粉、原味酸奶，用力拌匀。然后加入白糖，继续搅拌。

2. 将大碗中搅拌好的混合物缓缓倒入分装小杯。在这个过程中，要不断向小杯中添加饼干屑，这样才能保证饼干屑浮上表面时已经被完全浸透。

3. 小杯放入酸奶机，杯子不加盖。盖上酸奶机的盖子，启动，定时8小时。酸奶做好后盖上杯盖，放入冰箱冷藏。

小贴士

将一半无糖炼乳换成甜炼乳，这样可以不用加糖，另外酸奶的香气也会更浓郁。

巧克力薄荷酸奶

用料

7~9杯

巧克力薄荷冰淇淋	500毫升
	（熔化后）
低脂牛奶	500毫升
奶粉	4汤匙
全脂原味酸奶	125克
巧克力屑	适量
（装饰用）	

1. 巧克力薄荷冰淇淋放入大碗，用微波炉加热至熔化（可以使用解冻模式）。

2. 往熔化了的冰淇淋中加低脂牛奶、奶粉和原味酸奶，用力拌匀。将搅拌好的混合物倒入分装小杯。

3. 小杯放入酸奶机，杯子不加盖。盖上酸奶机的盖子，启动，定时9小时。

4. 酸奶做好后盖上杯盖，放入冰箱冷藏。吃的时候，在酸奶上撒上适量巧克力屑即可。

小贴士

可以用全脂牛奶代替低脂牛奶。这时，只需加2汤匙奶粉即可获得同样浓稠的质地，且牛奶的发酵时间要减少至8小时。

黑巧克力橘子酱酸奶

用料	 7~9杯
全脂牛奶	1升
黑巧克力	200克
白糖	180克
奶粉	150克
全脂原味酸奶	125克
橘子酱	7汤匙

1. 全脂牛奶倒入平底锅加热，然后加入黑巧克力、白糖，不停搅拌直至巧克力全部熔化、白糖完全溶解。

2. 将加热后的混合物放至一旁冷却待用。

3. 往冷却了的混合物中加奶粉与原味酸奶，用力拌匀。

4. 在小杯底部倒上一层橘子酱，再将搅拌好的混合物倒在上面。

5. 小杯放入酸奶机，杯子不加盖。盖上酸奶机的盖子，启动，定时8小时。

6. 酸奶做好后盖上杯盖，放入冰箱冷藏。

 小贴士

如果家里没有橘子酱，可以取两个橘子的皮加水煮，然后将煮过的橘子皮打成酱。

白巧克力
樱桃酸奶

用料　　　7~9杯

白巧克力	125克
糖渍樱桃	200克
常温全脂牛奶	1升
全脂原味酸奶	125克
奶粉	2汤匙

1. 巧克力和樱桃分别切碎，巧克力放入大碗。

2. 取300毫升全脂牛奶加热，然后倒入盛放巧克力的大碗，不停搅拌直至巧克力全部熔化。

3. 剩下的牛奶、原味酸奶和奶粉倒入盛有巧克力牛奶的大碗，用力拌匀。

4. 在分装小杯底部摆好碎樱桃，倒入搅拌好的混合物。

5. 小杯放入酸奶机，杯子不加盖。盖上酸奶机的盖子，启动，定时8小时。

6. 酸奶做好后盖上杯盖，放入冰箱冷藏。

🥛 **小贴士**

白巧克力也可以用牛奶巧克力或其他口味的巧克力（如橙子味、椰子味的巧克力）代替。

巧克力香蕉酸奶

用料

7～9杯

香蕉	3根
低脂牛奶	650毫升
白糖	2汤匙
奶粉	4汤匙
香草冰淇淋	350毫升
	（熔化后）
全脂原味酸奶	125克
巧克力榛子酱	6咖啡匙
（装饰用）	

1. 香蕉去皮、切丁。取150毫升低脂牛奶倒入平底锅，然后倒入香蕉丁、白糖以及1汤匙奶粉。

2. 小火煮5分钟，其间需不停搅拌，并要将香蕉碾碎。关火，香蕉果泥即制作完成。在分装小杯底部装上香蕉果泥，然后放入冰箱冷藏。

3. 把香草冰淇淋放入大碗，用微波炉加热至熔化（可以使用解冻模式）。倒入剩下的低脂牛奶、奶粉和原味酸奶，用力拌匀。

4. 取出冷藏的香蕉果泥，用裱花嘴将少许巧克力榛子酱挤到果泥的内部，然后倒入搅拌好的牛奶混合物。

5. 小杯放入酸奶机，杯子不加盖。盖上酸奶机的盖子，启动，定时9小时。酸奶做好后盖上杯盖，放入冰箱冷藏。吃的时候，在酸奶上淋上适量的巧克力榛子酱即可。

小贴士

可以用全脂牛奶代替低脂牛奶。这时，无须加奶粉即可获得同样浓稠的质地，且牛奶的发酵时间要减少至8小时。

牛轧糖酸奶

用料

7～9杯

白牛轧糖	300克
低脂牛奶	1升
奶粉	150克
甜炼乳	50克
全脂原味酸奶	125克

1. 牛轧糖捣碎。取500毫升牛奶倒入平底锅加热，然后放入捣碎的牛轧糖，不停搅拌直至牛轧糖全部溶化。

2. 锅中的牛奶过筛，然后放在一旁冷却待用。

3. 剩余的牛奶、奶粉、炼乳与原味酸奶加入冷却了的牛奶中，用力拌匀。将搅拌好的混合物倒入分装小杯。

4. 小杯放入酸奶机，杯子不加盖。盖上酸奶机的盖子，启动，定时9小时。

5. 酸奶做好后盖上杯盖，放入冰箱冷藏。

小贴士

牛轧糖溶化后也可以不将牛奶过筛，直接倒入搅拌机打碎即可，这样可以保留牛轧糖中的坚果。

草莓布丁酸奶

用料

2大杯

低脂牛奶	1升
手指饼干	20块
草莓软糖	150克
奶粉	80克
全脂原味酸奶	125克

1. 取200毫升低脂牛奶倒入平底锅加热，然后把手指饼干一块一块地放入热牛奶中浸泡。

2. 准备好分装小杯，将浸泡后的饼干小心地贴着杯壁放好，然后放入冰箱冷藏。

3. 取400毫升低脂牛奶倒入步骤1中的平底锅加热，然后加入草莓软糖，关火，用力搅拌，让草莓软糖尽量全部溶化。

4. 锅中的牛奶过筛，然后加入剩余的牛奶、奶粉与原味酸奶，用力拌匀。将搅拌好的混合物倒入分装小杯。

5. 小杯放入酸奶机，杯子不加盖。盖上酸奶机的盖子，启动，定时9小时。酸奶做好后盖上杯盖，放入冰箱冷藏。

小贴士

此款酸奶也可以使用一个大杯，脱模时需特别小心。可搭配红色水果沙拉、意大利香醋同食。

提拉米苏酸奶

用料

7～9杯

香草荚	1根
马士卡彭奶酪	200克
甜炼乳	5汤匙
奶粉	4汤匙
全脂原味酸奶	125克
低脂牛奶	500毫升
手指饼干	20块
特浓咖啡	100毫升
可可粉	适量

1. 香草荚纵向切开取出香草籽，把香草籽放入奶酪中，再加入炼乳、奶粉和原味酸奶，用力拌匀。

2. 倒入低脂牛奶重新搅拌，然后过筛。

3. 手指饼干放入特浓咖啡中浸泡。将第二步中过滤好的牛奶混合物缓缓倒入分装小杯，倒的同时往杯中添加泡好的手指饼干。

4. 小杯放入酸奶机，杯子不加盖。盖上酸奶机的盖子，启动，定时9小时。

5. 酸奶做好后盖上杯盖，放入冰箱冷藏。吃的时候在酸奶上撒上适量可可粉即可。

小贴士

另一种做法是：液体鲜奶油与咖啡精混合搅拌，得到咖啡奶油。在做好的酸奶上滴上几滴杏仁甜酒，然后加入1汤匙咖啡奶油，再撒上适量可可粉即可。

准备时间：40分钟　　发酵时间：8小时

黑白酸奶

用料

7～9杯

鸡蛋	3个
白糖	280克
巧克力	100克
（可可成分占70%）	
黄油	90克
面粉	1汤匙
威士忌酒	200毫升
常温全脂牛奶	1升
奶粉	50克
全脂原味酸奶	125克

小贴士

分装小杯须是陶瓷材质或烤箱专用的玻璃材质，这样才能放入烤箱烘烤。

1. 烤箱预热至180℃。鸡蛋打散，加入80克白糖，然后不停搅打直至蛋液发白。

2. 巧克力与黄油放入平底锅，开小火加热至熔化。

3. 将面粉倒入打好的蛋液，再加入巧克力、黄油混合物，用力拌匀。

4. 鸡蛋混合物装入分装小杯，装满1/4杯即可。杯子放入烤箱烘烤，需5分钟。

5. 制作糖浆：威士忌酒煮沸，用火柴或打火机点燃去除酒精。加入200克白糖，继续煮5分钟，其间需不停搅拌直至糖浆变得黏稠，然后放在一旁冷却待用。

6. 牛奶倒入大碗，加入奶粉、原味酸奶，拌匀。

7. 往搅拌好的牛奶混合物中倒糖浆（糖浆的分量视个人口味而定），用力拌匀。将搅拌好的混合物倒入从烤箱中取出的分装小杯。

8. 小杯放入酸奶机，杯子不加盖。盖上酸奶机的盖子，启动，定时8小时。酸奶做好后盖上杯盖，放入冰箱冷藏。

爱尔兰咖啡酸奶

用料　　　7～9杯

威士忌酒	150毫升
白糖	125克
常温低脂牛奶	1升
咖啡豆	150克
奶粉	100克
甜炼乳	100克
全脂原味酸奶	125克
巧克力豆	适量
（装饰用）	

1. 制作糖浆：威士忌酒与白糖倒入平底锅，边煮边搅拌，5分钟后得到质地黏稠的糖浆。将其放在一旁冷却待用。

2. 取250毫升牛奶倒入另一口平底锅加热，咖啡豆磨碎，然后倒入温热的牛奶。盖上锅盖，浸泡10分钟。

3. 锅中的牛奶过筛，加入剩余的低脂牛奶、奶粉、炼乳与原味酸奶，用力拌匀。

4. 将冷却的糖浆倒入搅拌好的牛奶混合物（糖浆的分量视个人口味而定），再次用力拌匀。将搅拌好的混合物倒入分装小杯。

5. 小杯放入酸奶机，杯子不加盖。盖上酸奶机的盖子，启动，定时9小时。

6. 酸奶做好后盖上杯盖，放入冰箱冷藏。吃的时候，淋上少许威士忌糖浆，再摆上几颗巧克力豆即可。

 小贴士

如果时间不够，可以用5汤匙速溶咖啡粉代替咖啡豆。另外，还可以在做好的酸奶上淋上鲜奶油、撒上可可粉，使其看起来更精致。

Part 3
酸奶美食

酸奶确实有一定的减肥效果，这主要是因为它含有大量的活性乳酸菌，能够有效地调节肠道内的菌群平衡，促进肠道蠕动，从而缓解便秘。

洋蓟鹅肝酸奶

用料

12杯

低脂牛奶	500毫升
熟鹅肝	200克
全脂原味酸奶	125克
奶粉	25克
熟洋蓟芯	4颗
烟熏鸭胸肉丁	100克
食盐、胡椒粉	适量

1. 牛奶倒入平底锅加热，然后倒入切碎的鹅肝及2小撮食盐，拌匀。

2. 锅中的牛奶过筛，并去除浮在表面的白沫，然后加入原味酸奶、奶粉，拌匀。

3. 洋蓟芯碾碎，加入鸭胸肉丁，再根据个人口味添加适量食盐、胡椒粉。

4. 调制好的洋蓟鸭胸肉丁装到分装小杯底部，然后倒入搅拌好的牛奶混合物。

5. 小杯放入酸奶机，杯子不加盖。盖上酸奶机的盖子，启动，定时9小时。酸奶做好后盖上杯盖，放入冰箱冷藏。

小贴士

可以在酸奶上放一小块烤过的面包作为配食。

胡萝卜
南瓜酸奶

用料

12杯

南瓜	200克
	（瓜肉净重）
橄榄油	2汤匙
常温全脂牛奶	250毫升
常温豆浆	250毫升
煮熟的胡萝卜	200克
奶粉	50克
原味酸奶	125克
食盐、胡椒粉	适量

1. 南瓜去皮、去籽、切成小丁，倒入放有橄榄油的平底锅煎一下，根据个人口味放适量食盐与胡椒粉，然后放在一旁冷却待用。

2. 煮熟的胡萝卜捣成泥。牛奶与豆浆倒入同一个大碗，加入胡萝卜泥、奶粉与适量食盐，用力拌匀。

3. 碗中的牛奶混合物过筛，再加入原味酸奶，用力拌匀。在分装小杯底部放上煎好的南瓜丁，然后将牛奶与酸奶的混合物倒入小杯。

4. 小杯放入酸奶机，杯子不加盖。盖上酸奶机的盖子，启动，定时8小时。

5. 酸奶做好后盖上杯盖，放入冰箱冷藏。

小贴士

除了将南瓜丁放在杯子底部以外，也可以将南瓜丁与核桃丁混合，撒在酸奶表面作为配食。

紫薯榛子酸奶

用料　**12杯**

低脂牛奶	500毫升
奶粉	50克
食盐	1咖啡匙
煮熟的紫薯	120克
全脂原味酸奶	125克
烤过的榛子	100克

1. 煮熟的紫薯捣成泥。低脂牛奶倒入平底锅加热，加入奶粉、食盐与紫薯泥，用力拌匀。

2. 锅中的牛奶混合物过筛，并去除浮在表面的白沫，然后倒入酸奶，用力拌匀。

3. 烤过的榛子碾成碎末，装在分装小杯的底部，然后倒入搅拌好的牛奶与原味酸奶的混合物。

4. 小杯放入酸奶机，杯子不加盖。盖上酸奶机的盖子，启动，定时9小时。

5. 酸奶做好后盖上杯盖，放入冰箱冷藏。

小贴士

吃的时候，可以在酸奶上面放一小片干火腿、一小根香肠或者一块山羊奶乳酪作为配食。

准备时间：15分钟　　煮蛋时间：10分钟
发酵时间：8小时

鸡蛋酸奶

用料

12杯

鸡蛋	10个
细葱	1根
常温全脂牛奶	1升
奶粉	50克
原味酸奶	125克
食盐	适量

1. 鸡蛋放到锅里煮熟。剥掉蛋壳，分开蛋白与蛋黄。蛋白与细葱一同切碎，加入少许食盐调味，用力拌匀后放入冰箱冷藏。

2. 全脂牛奶倒入大碗，加入奶粉、切成小块的蛋黄与1咖啡匙食盐，用力拌匀。

3. 碗中的牛奶混合物过筛，并去除浮在表面的白沫。

4. 将原味酸奶倒入过滤好的牛奶混合物中，拌匀。将搅拌好的混合物倒入分装小杯。

5. 小杯放入酸奶机，杯子不加盖。盖上酸奶机的盖子，启动，定时8小时。

6. 酸奶做好后盖上杯盖，放入冰箱冷藏。吃的时候，在酸奶上撒上适量切碎的蛋白细葱即可。

小贴士

在酸奶里插上一根乳酪棒，能使酸奶看上去更精致。如果追求独特的装杯效果，可以用陶瓷杯代替普通的玻璃杯。

番茄酸奶

用料	12杯
低脂牛奶	500毫升
奶粉	60克
番茄酱	5汤匙
原味酸奶	125克
食盐	1咖啡匙

1. 低脂牛奶倒入平底锅加热，再加入奶粉与番茄酱，用力拌匀。

2. 锅中的牛奶混合物过筛，并去除浮在表面的白沫。

3. 将原味酸奶与食盐倒入处理好的牛奶混合物中，拌匀。将搅拌好的混合物倒入分装小杯。

4. 小杯放入酸奶机，杯子不加盖。盖上酸奶机的盖子，启动，定时9小时。

5. 酸奶做好后盖上杯盖，放入冰箱冷藏。

小贴士

可搭配鹌鹑蛋（水煮后对半切开，可撒上少许食盐）与芝麻菜同食。

帕尔马干酪酸奶

用料

12杯

全脂牛奶	500毫升
帕尔马干酪丝	120克
食盐	1/2咖啡匙
奶粉	60克
全脂原味酸奶	125克

1. 取250毫升全脂牛奶和所有干酪丝、食盐一同倒入平底锅。待干酪丝熔化后加入奶粉，不停搅拌直至奶粉全部溶化。将混合物过筛，并去除浮在表面的白沫，然后倒入剩余的全脂牛奶与原味酸奶，拌匀后倒入玻璃小杯。

2. 小杯放入酸奶机，杯子不加盖。盖上酸奶机的盖子，启动，定时8小时。酸奶做好后盖上杯盖，放入冰箱冷藏。

 小贴士

图片中（上面的一杯）搭配酸奶的是帕尔马干酪片。自制干酪片：用削皮刀从干酪上削出一片片薄薄的干酪片，然后放到高温的平底锅中。待干酪变色后关火，将其放在一旁自然冷却。喝酸奶的时候，把处理过的干酪片插到酸奶中即可。

罗勒酸奶

用料

12杯

新鲜罗勒	2棵
常温全脂牛奶	500毫升
奶粉	80克
食盐	1咖啡匙
全脂原味酸奶	125克
食用色素（绿色）	2滴

1. 罗勒去叶，放到加了食盐的滚水中煮。煮熟后取出沥干，放在一旁冷却待用。

2. 全脂牛奶倒入大碗，加入奶粉、食盐和煮熟的罗勒，用力拌匀。将混合物过筛，并去除浮在表面的白沫，然后加入原味酸奶和食用色素（可选），用力拌匀。将搅拌好的混合物倒入分装小杯。

3. 小杯放入酸奶机，杯子不加盖。盖上酸奶机的盖子，启动，定时8小时。酸奶做好后盖上杯盖，放入冰箱冷藏。

小贴士

可以用其他菜代替罗勒，如芫荽、欧芹、菠菜等。

芦笋酸奶
配芝麻扇贝

用料 12杯

芦笋尖	200克
常温豆浆	500毫升
原味酸奶	125克
黄油	1汤匙
扇贝肉	12块
黑芝麻	80克
食盐	适量

1. 芦笋尖放到加了食盐的滚水中煮5分钟，取出后立刻拿到冷水下冲洗，这样可使芦笋变凉的同时，保有自身的绿色。最后将芦笋擦干、剁碎。

2. 豆浆倒入大碗，加入芦笋、食盐，用力拌匀，然后过筛。

3. 原味酸奶倒入过滤好的豆浆混合物中，用力拌匀，然后倒入分装小杯。

4. 小杯放入酸奶机，杯子不加盖。盖上酸奶机的盖子，启动，定时9小时。酸奶做好后盖上杯盖，放入冰箱冷藏。

5. 可搭配芝麻扇贝同食。自制芝麻扇贝：扇贝肉裹上芝麻，用黄油煎至金黄色，然后取出盛到碟子里，在上面插一支牙签即可。

 小贴士

在酸奶上摆几个芦笋尖，可使其看上去更精致。

羊奶酸奶
配春季沙拉

用料

12杯

全脂牛奶	500毫升
新鲜羊奶奶酪	120克
奶粉	40克
全脂原味酸奶	125克
煮过的蚕豆	50克
煮过的新鲜豌豆	50克
糖渍番茄	50克
黑橄榄	40克
菠菜叶	24片
橄榄油、柠檬汁	适量
欧芹叶	适量
食盐、胡椒粉	适量

1. 全脂牛奶煮至温热，倒入大碗，加入半咖啡匙食盐、羊奶奶酪，不停搅拌直至奶酪全部熔化。然后加入奶粉，继续用力搅拌。

2. 大碗中的混合物过筛，并去除浮在表面的白沫，然后倒入原味酸奶，拌匀。

3. 将搅拌好的混合物倒入分装小杯，每一杯装半杯即可。

4. 小杯放入酸奶机，杯子不加盖。盖上酸奶机的盖子，启动，定时8小时。酸奶做好后盖上杯盖，放入冰箱冷藏。

5. 制作沙拉：蚕豆、豌豆、糖渍番茄、黑橄榄、菠菜叶和欧芹叶混合，加适量橄榄油、柠檬汁、食盐与胡椒粉调味。

6. 在每一杯酸奶上放上少许沙拉即可。

 小贴士

可以在每一杯酸奶里插1~2块墨西哥卷饼作为配食。

Part 4

奶酪及奶酪美食

一位来自英国的牙科医生认为，吃奶酪有助于防止龋齿的产生，因为奶酪能大大增加牙齿表层的含钙量，使致龋菌不容易入侵牙齿。奶酪可搭配其他美食做成不同的美味，如搭配芒果酱、糖果草莓等。但是，奶酪热量较高，多吃容易发胖。吃奶酪前后1小时左右不要吃水果。

准备时间：15分钟　　凝结时间：48小时
沥干时间：12小时

鲜奶奶酪

如果使用带漏孔的杯子（如上面的照片所示）作为容器，鲜奶奶酪的制作过程会变得更加简单。可以将鲜奶酪和乳清一起保存。

用料	300～400克
鲜奶酪	60克
全脂牛奶	1升
凝乳酶	6滴

1. 鲜奶酪与500毫升牛奶倒入大碗，用力拌匀。

2. 剩余的牛奶倒入平底锅，加热至35～40℃。关火，倒入大碗中鲜奶酪与牛奶的混合物，然后滴入凝乳酶，用小木铲轻轻搅拌几下。用布将平底锅盖上，在常温下静置48小时。

3. 在筛子上铺一层网眼极细密的纱布，将已经凝结的牛奶倒在上面，然后放进冰箱沥干，需12小时。

4. 这种鲜奶酪可以冷藏保存3天。为保持奶酪的湿度，可以保留一部分沥出的乳清，将鲜奶酪放在其中保存，吃的时候再沥干即可。

🥛小贴士

可以根据个人喜好，搭配糖、蜂蜜、果酱（书中搭配的是蓝莓果酱）或其他食物同食。

蒜叶鲜奶酪

鲜奶油奶酪

用料　400克

大蒜	3瓣
细葱	1根
车窝草、龙蒿	各2根
自制鲜奶奶酪	400克
胡椒粉	若干

用料　400克

瑞士干酪	60克
全脂牛奶	1升
食盐	1咖啡匙
柠檬汁	50毫升
高脂鲜奶油	150克

1. 大蒜去皮、剁碎。细葱、车窝草、龙蒿洗净、沥干并剁碎，制成香料末。

2. 混合鲜奶奶酪与切好的蒜末、香料末，用力拌匀，再撒上适量胡椒粉即可。

3. 冷藏后味道更佳。可搭配烤过的蒜蓉面包同食。

1. 瑞士干酪与500毫升牛奶倒入大碗拌匀。剩余的牛奶与食盐倒入平底锅，拌匀后加热至45℃，冷却至40℃后，倒入大碗中的混合物与柠檬汁，轻轻搅拌几下。用布将平底锅盖上，在常温下静置12小时。

2. 在筛子上铺一层网眼细密的纱布，将已经凝结的奶酪倒在纱布上沥干，需4小时。然后把沥干的鲜奶酪与奶油混合，用力拌匀后，放入冰箱冷藏。

果仁葡萄干
鲜奶酪

番茄橄榄
鲜奶酪

用料	400克
核桃仁	90克
葡萄干	50克
自制鲜奶油奶酪	400克
红葡萄酒	2汤匙
胡椒粉	若干

用料	400克
黑橄榄	90克
糖渍番茄	60克
罗勒叶	4片
自制鲜奶油奶酪	400克
橄榄油	2汤匙

1. 核桃仁压碎，葡萄干切大丁，然后将其加到奶酪中，用力拌匀，最后淋上红葡萄酒、撒上胡椒粉即可。

2. 冷藏后味道更佳。可搭配果仁面包同食。

1. 黑橄榄去核、剁碎，糖渍番茄切碎，罗勒叶洗净、切碎，然后加到奶酪中，用力拌匀，最后淋上橄榄油即可。

2. 冷藏后味道更佳。可搭配意大利拖鞋面包或普罗旺斯香草面包同食。

白奶酪

准备时间：10分钟　凝结时间：48小时
沥干时间：6小时

用料　500～600克

鲜奶酪	120克
全脂牛奶	1升
柠檬汁	50毫升
高脂鲜奶油	200克

小贴士

建议：如果喜欢口感更加爽滑的奶酪，可改用低脂牛奶与脱脂奶油。如果想要奶酪变得更加柔滑，那么在加入奶油前，可以先用打蛋器将沥干的鲜奶酪搅拌一下。

1. 鲜奶酪与500毫升牛奶倒入大碗，用力拌匀。然后在平底锅中倒入剩余的牛奶，加热至40℃。关火，倒入大碗中鲜奶酪与牛奶的混合物，再倒入柠檬汁，用小木铲轻轻搅拌几下。用布将平底锅盖上，在常温下静置48小时。

2. 在筛子上铺一层网眼极细密的纱布，将已经凝结的牛奶倒在纱布上，然后放进冰箱沥干，需6小时。

3. 将沥干的奶酪倒入大碗，用打蛋器快速搅拌，然后倒入鲜奶油，继续搅拌。这种白奶酪可以冷藏保存3天，既可直接享用，也可搭配粗红糖、果酱同食。

瑞士干酪

准备时间：10分钟　凝结时间：48小时
沥干时间：8小时

用料　400～500克

鲜奶酪	60克
全脂牛奶	500毫升
液体奶油	500毫升
柠檬汁	40毫升

小贴士

建议：如果喜欢口感更加爽滑的奶酪，可改用低脂牛奶与脱脂奶油。如果希望做出的奶酪更硬一些，可以将沥干时间由8小时延长至10小时。

1. 鲜奶酪与500毫升牛奶倒入大碗，用力拌匀。然后在平底锅中倒入500毫升奶油，加热至40℃。关火，倒入大碗中鲜奶酪与牛奶的混合物，再倒入柠檬汁，用小木铲轻轻搅拌几下。用布将平底锅盖上，在常温下静置48小时。

2. 在筛子上铺一层网眼极细密的纱布，将已经凝结的牛奶倒在纱布上，然后放进冰箱沥干，需8小时。

3. 这种鲜奶酪需要保存在密封的容器中，可冷藏3天。

意大利乳清干酪

用料

400～500克

全脂牛奶	1升
高脂鲜奶油	100克+1大汤匙
食盐	1咖啡匙
柠檬汁	50毫升

1. 全脂牛奶与100克鲜奶油倒入平底锅，加热至75～80℃。关火，加入食盐、柠檬汁，用小木铲轻轻搅拌几下。用布将平底锅盖上，在常温下静置1小时。

2. 在筛子上铺一层网眼极细密的纱布，将已经凝结的牛奶倒在纱布上，然后放进冰箱沥干，需6～7小时。

3. 取出沥干的干酪，加1大汤匙奶油，拌匀即可。这种乳清干酪需冷藏保存，最多保存3天。

 小贴士

建议：此款干酪易碎，沥干时间无须太久，否则干酪会变得过干。

马士卡彭奶酪

用料

400克

全脂液体奶油	600毫升
柠檬汁	20毫升

1. 用平底锅将奶油加热至80～85℃，改小火继续加热，同时倒入柠檬汁，用打蛋器轻轻搅拌2分钟。关火，让其自然冷却。

2. 用布将平底锅盖上，放入冰箱冷藏，需12小时。最后奶油将变得很黏稠。

3. 在筛子上铺一层网眼极细密的纱布，将奶油倒在纱布上，然后放进冰箱沥干，需24小时。马士卡彭奶酪的质地特别细腻，需密封冷藏，可以保存3～4天。

 小贴士

马士卡彭奶酪可用于制作提拉米苏、慕斯等。

希腊酸奶酪

此款奶酪为希腊经典食品。本配方使用了白奶酪代替传统的绵羊奶奶酪。

用料

4人份

黄瓜	150克
芫荽	3棵
薄荷叶	15片
细葱	1/2根
大蒜	2瓣
白奶酪	400克
（做法见第110页）	
橄榄油	50毫升
食盐、胡椒粉	适量

1. 黄瓜去皮、切小丁，然后放到筛子上，撒上少许食盐，静置20分钟。芫荽、薄荷叶与细葱洗净、切碎，制成香料末；大蒜去皮、剁碎。

2. 白奶酪、香料末、大蒜末、黄瓜丁与橄榄油一同倒入大碗，撒上适量食盐与胡椒粉，用力拌匀。

3. 将搅拌好的奶酪放入冰箱冷藏，需2小时。可搭配烤过的蒜蓉橄榄油面包同食。

 小贴士

也可以在奶酪中加入烤过的菜椒粒。

芝麻奶酪

用料

4人份

黑芝麻	30克
白奶酪（做法见第110页）	150克
芝麻油或橄榄油	2汤匙
食盐、胡椒粉	适量

1. 黑芝麻放入高温平底锅干炒3分钟，然后倒在吸油纸上自然冷却。

2. 冷却了的黑芝麻、白奶酪、芝麻油与适量食盐、胡椒粉混合均匀，倒入分装小杯，然后放入冰箱冷藏。可搭配香脆长面包或饼干同食。

用料

4人份

新鲜小红辣椒	1/2个
大蒜	1瓣
白奶酪（做法见第110页）	150克
咖喱粉	1汤匙
食盐	适量

1. 辣椒剁碎，大蒜去皮、剁碎。

2. 辣椒末、蒜末、白奶酪、咖喱粉与适量食盐混合均匀，倒入分装小杯，然后放入冰箱冷藏。可搭配胡萝卜条、黄瓜条同食。

菜椒奶酪

香料奶酪

用料　　　　　　4人份

红、绿菜椒	各1个
白奶酪 （做法见第110页）	150克
辣椒粉	1咖啡匙
食盐	适量

1. 两种菜椒洗净、去籽、去筋，各取1/4切成条，余下的切成小丁。

2. 菜椒丁、白奶酪、辣椒粉与适量食盐混合均匀，倒入分装小杯，在上面放上菜椒条后再放入冰箱冷藏。可搭配烤过的橄榄酱面包同食。

用料　　　　　　4人份

大蒜	2瓣
车窝草、龙蒿、欧芹	各1根
细葱	1/2根
白奶酪 （做法见第110页）	150克
食盐、胡椒粉	适量

1. 大蒜去皮、剁碎；车窝草、龙蒿、欧芹、细葱洗净、切碎，做成香料末。

2. 蒜末、香料末、白奶酪与适量食盐、胡椒粉混合均匀，倒入分装小杯，然后放入冰箱冷藏。可搭配椒盐卷饼同食。

蜂蜜果干
奶酪配覆盆子

适合早餐或午餐时享用的一道美食。

用料　　4人份

蜂蜜	4汤匙
新鲜覆盆子	200克
白奶酪	500克
（做法见第110页）	
红色水果的果干	150克

1. 用平底锅将蜂蜜加热至沸腾，倒入覆盆子，大火继续煮2分钟。其间需不停搅拌。关火，让其自然冷却，覆盆子糖浆即制作完成。

2. 白奶酪与果干混合，稍微搅拌一下，再倒入一半覆盆子糖浆，用力拌匀，然后倒入大碗。

3. 吃的时候，需将余下的覆盆子糖浆加热1分钟，然后倒在奶酪上。一定要趁热享用，否则果干会因为浸泡太久而失去最佳的口感。

菠萝鲜奶奶酪配姜饼

这是一款略带酸味的甜点。为孩子制作时，可以用50毫升的椰子汁代替本配方中的朗姆酒。

用料

4人份

菠萝	1/2个
蔗糖糖浆	3汤匙
粗红糖	40克
黑朗姆酒	1汤匙
桂皮粉	2撮
姜饼（略微发硬）	6块
鲜奶奶酪	400克
（做法见第106页）	
白糖	2汤匙

1. 菠萝去皮、去钉眼、去核，余下的果肉切块，倒入平底锅，再倒入蔗糖糖浆、粗红糖、朗姆酒与桂皮粉，中火煮15～20分钟，其间需不停搅拌。关火，让其自然冷却，菠萝酱即制作完成。

2. 烤箱预热至210℃。去掉姜饼的皮儿，每一块姜饼都纵向切成2～3块，撒上白糖，放在铺有烘焙纸的烤盘上，然后放入烤箱烘烤2～3分钟。

3. 奶酪与菠萝酱倒入大碗，搅拌均匀即可。搭配刚出炉的松脆烤姜饼，趁热享用。

小贴士

煮菠萝酱时还可以加入100毫升的椰子汁。

若将此款布丁搭配椰子酥饼，则味道更好！

用料

4～6人份

明胶	2片
全脂液体奶油	500毫升
白糖	170克
香草荚	1根
瑞士干酪	250克
（做法见第110页）	
芒果	200克
青柠檬	1个
（取柠檬汁）	
菠萝汁	100毫升

1. 明胶放入冷水浸泡直到变软。

2. 往平底锅中先后倒入奶油、110克白糖与香草荚（纵向对半切开并相互摩擦，让香草籽落入锅中），加热至沸腾。关火，放入已经擦干水的明胶，用力拌匀，然后让其自然冷却。

3. 取出香草荚，放入瑞士干酪，用力拌匀，然后倒入4～6个蛋糕模（或玻璃杯），放入冰箱冷藏，需5～6小时。

4. 芒果去皮、去核、切块，放入大碗，再加入剩下的白糖、柠檬汁与菠萝汁，用力拌匀。用打蛋器将其打成泥状，放入冰箱冷藏。

5. 吃的时候，将蛋糕模在热水中浸泡数秒，然后取出倒扣在盘子上，小心地将奶酪与蛋糕模分开。搭配芒果酱，尽情享用这份冰凉的美味吧！

小贴士

可以在奶油与鲜奶酪的混合物中加入160克芒果丁，用力拌匀后一同倒入蛋糕模。

著作权合同登记号　图字：01-2018-1905

图书在版编目 (CIP) 数据

自制一杯好酸奶 /（法）菲利普·吕索，（法）瓦莱里·德鲁埃著；（法）马西莫·佩西纳，（法）皮埃尔–路易·维耶尔摄；杨晓梅译 . — 北京：北京科学技术出版社，2018.11

ISBN 978-7-5304-9651-0

Ⅰ . ①自… Ⅱ . ①菲… ②瓦… ③马… ④皮… ⑤杨 Ⅲ . ①酸乳 – 制作 Ⅳ . ① TS252.54

中国版本图书馆 CIP 数据核字 (2018) 第 076296 号

自制一杯好酸奶

作　　者：	〔法〕菲利普·吕索 〔法〕瓦莱里·德鲁埃	摄　　影：	〔法〕马西莫·佩西纳 〔法〕皮埃尔–路易·维耶尔
译　　者：	杨晓梅	策划编辑：	李心悦
责任编辑：	张　艳	责任印制：	张　良
出 版 人：	曾庆宇	出版发行：	北京科学技术出版社
社　　址：	北京西直门南大街16号	邮政编码：	100035
电话传真：	0086-10-66135495（总编室） 0086-10-66161952（发行部传真）		0086-10-66113227（发行部）
电子信箱：	bjkj@bjkjpress.com	网　　址：	www.bkydw.cn
经　　销：	新华书店	印　　刷：	北京印匠彩色印刷有限公司
开　　本：	720mm×980mm　1/16	印　　张：	8
版　　次：	2018年11月第1版	印　　次：	2018年11月第1次印刷

ISBN 978-7-5304-9651-0/T・984

定价：39.80元